探索未知　改变世界
科学大爆炸
出没无声
蝙蝠

U0155592

探索未知 改变世界

科学大爆炸

出没无声

[美] 法利恩·科克 文图
王传齐 译

贵州出版集团 贵州人民出版社

本书插图系原文插图

版权合同登记号 图字：22-2022-041

审图号 GS京（2023）0278号

图书在版编目（CIP）数据

出没无声 ： 蝙蝠 / （美） 法利恩·科克文图 ； 王传齐译. -- 贵阳 ： 贵州人民出版社, 2023.5（2024.4 重印）
（科学大爆炸）
ISBN 978-7-221-17560-1

Ⅰ. ①出… Ⅱ. ①法… ②王… Ⅲ. ①翼手目－少儿读物 Ⅳ. ①Q959.833-49

中国版本图书馆CIP数据核字(2022)第253576号

KEXUE DA BAOZHA
CHUMO WUSHENG：BIANFU
科学大爆炸
出没无声：蝙蝠
［美］法利恩·科克 文图 王传齐 译

出 版 人 朱文迅 策 划 蒲公英童书馆
责任编辑 颜小鹂 执行编辑 陈 晨 装帧设计 王学元 曾 念 责任印制 郑海鸥

出版发行 贵州出版集团 贵州人民出版社
地 址 贵阳市观山湖区中天会展城会展东路SOHO公寓A座（010-85805785 编辑部）
印 刷 北京博海升彩色印刷有限公司（010-60594509）
版 次 2023年5月第1版
印 次 2024年4月第2次印刷
开 本 700毫米×980毫米 1/16
印 张 8
字 数 50千字
书 号 ISBN 978-7-221-17560-1
定 价 39.80元

前言

你小时候怕黑吗？也许你想象过壁橱里有个怪物，或者担心床下藏着什么。现在你可能已经不再害怕黑暗，但就算我们长大了，看不见的东西还是会吓到我们，比如蝙蝠。

大多数蝙蝠是夜行性动物，它们通常只在晚上出来活动。黄昏时分，它们便从白天栖息的地方飞出来寻找食物。如果你在北美洲，那么住在你附近的蝙蝠只吃昆虫或者花蜜，而不是人类！就算是那些以血为食的蝙蝠，也就是臭名昭著的吸血蝙蝠，也更喜欢牛的血液。而且，它们基本都生活在中美洲和南美洲。

世界各地的蝙蝠也吃其他东西，主要是果实。所以，蝙蝠对我们很重要，因为它们吃虫子、花蜜和果实，在害虫控制、传粉和种子传播方面会给我们巨大的帮助。没有它们，我们就得使用更多的杀虫剂，也吃不到那么多香蕉、芒果、牛油果、椰枣和无花果！

所以我们都应该喜欢蝙蝠，对吗？但并不是每个人都知道它们的重要性。人们总是有意或无意地做出一些伤害蝙蝠的事情。有时，如果在家里发现蝙蝠，人们会杀死它们，而不仅仅是驱离。人们砍伐蝙蝠居住的树木，或者在后院使用杀虫剂。这些行为让蝙蝠很难找到健康的食物和安全的居住地。那么，这对蝙蝠意味着什么呢？这让它们消失了。当蝙蝠消失后，我们能吃的东西会变得更少。

既然知道了蝙蝠很重要，你能做些什么来帮助它们呢？你可以访问那些蝙蝠保护组织的网站，参与其中，一起向人们传播蝙蝠的重要性、面临的威胁，以及帮助蝙蝠的方法。

你也可以让自家后院或学校成为蝙蝠生活和进食的安全场所。建造蝙蝠房，让蝙蝠妈妈们有一个温暖而安全的地方来抚养宝宝；为蝙蝠打造一个特殊的花园，里面种植夜间开花的植物，吸引蝙蝠们喜欢吃的虫子，有充足的食物它们会长得更加强壮；停止在花园里使用杀虫剂，避免蝙蝠接触到可能伤害它们的化学物质。

告诉你认识的所有人，为了蝙蝠的健康，我们需要做些什么。并且，下次天黑的时候，不要害怕，想想所有的蝙蝠都在忙着工作，是它们让我们和我们的食物保持健康。

——罗伯·米斯

蝙蝠专家

蝙蝠保护组织创始人

嘿！
咳！
唉！
莹鼠耳蝠
Myotis lucifugus
虽然我不想承认……
但是我恐怕是迷路了！
我很高兴你们能来参加这个特殊的夜间远足！
国家公园每年只举行少数几次这样的活动。

我好饿！这附近有什么
蝙蝠能吃的东西吗？
幸运的话，我们
今晚可能会看到很多
忙碌的传粉者。

巨人柱仙人掌和龙舌兰正在绽放。它们的
花会引来墨西哥长舌蝠和小长舌蝠。

沙漠中生活着很多种
蝙蝠，但是只有这两种
是吃花蜜的，其他的都
以昆虫为食。

咦！
这些吸蜜蝙蝠
每年都会迁徙到美国
来参加这场盛宴。

因为大家想看沙漠里的植物和动物，所以我和其他公园护林员专门负责夜间徒步活动。

白天的时候，沙漠非常美丽，但是你们看不到多少动物。

因为它们喜欢在太阳下山之后，气温凉爽时出来活动。

捕食蝙蝠的动物

即使在夜晚，也有很多动物捕食蝙蝠。蝙蝠们避开地面是因为它们在那里容易受到捕食者的攻击。

西部叶鼻蛇

嘘！萨拉，
注意听解说啊！
嗯嗯！
因为比较凉爽，
很多沙漠动物和植物适应
了在夜晚觅食或生长。
嗡嗡嗡——
嗡嗡嗡——
嗡嗡嗡——
噢！
啪！
是啊，我们也
成晚餐了！
巨人柱仙人掌和
龙舌兰的花，需要靠
蝙蝠来传粉。
从这些花只在晚上
绽放的时候开始，它们
就不能像其他花一样在
白天吸引蜜蜂了。

哦，来了一只蝙蝠！
嘘！不要吓到它！
小长舌蝠
Leptonycteris yerbabuenae
在移动中取食
吸蜜蝙蝠可以一边飞，一边进食。只有少数种类的动物能在空中悬停时进食。
吸蜜蝙蝠
蜂鸟
天蛾
嗒嗒！
嗒嗒！

蝙蝠如何飞行？ 蝙蝠能够飞行是因为它独特的拍打双翼的方式。

它们不像鸟类一样在空中滑翔，它们的翼由有弹性的皮肤构成，可以像口袋一样收集和兜住空气，再将空气推出去。

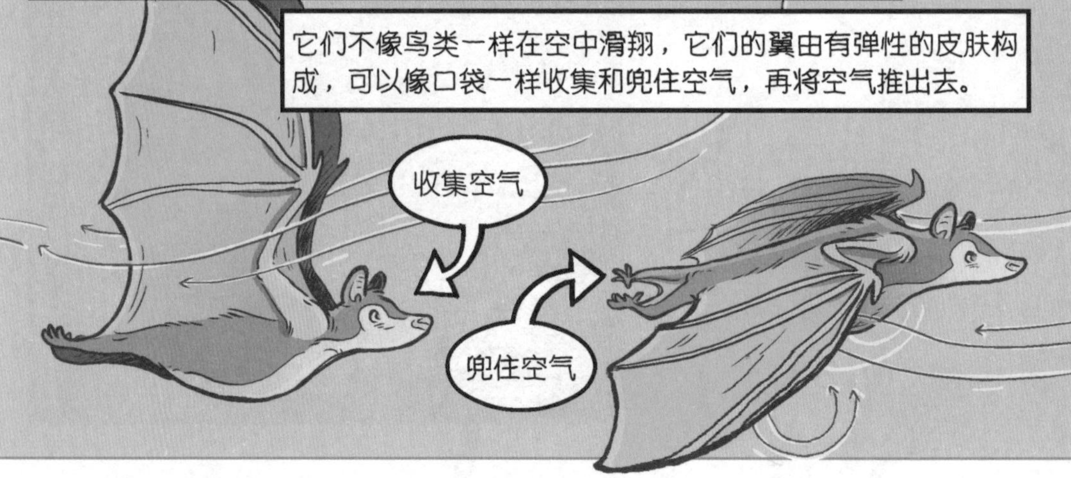

蝙蝠们通过吸取花朵中甘甜的花蜜来获得能量。因为花蜜是这些蝙蝠唯一的食物，所以它们每晚都会出来觅食。
萨拉！

蝙蝠获得花蜜，同时，花粉被沾在它们的皮毛上。

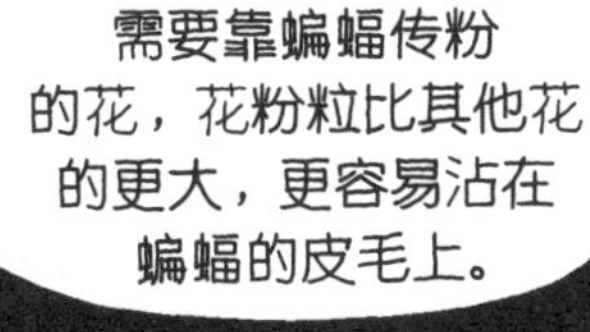

需要靠蝙蝠传粉的花，花粉粒比其他花的更大，更容易沾在蝙蝠的皮毛上。

咱

蝙蝠获取食物的同时，在花与花之间传播花粉。

这些动作形成了一个空气涡流，产生推力，让蝙蝠可以向前移动。

蝙蝠一遍又一遍地重复着这个动作，用自身的能量去飞行。这和借助羽毛飞行是有区别的。

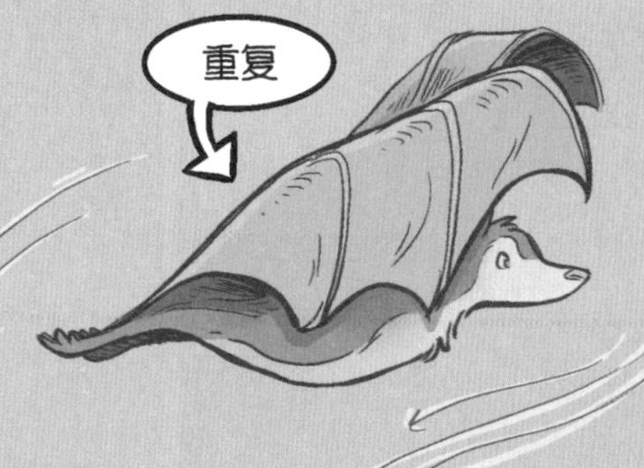

你们好，游客们！
我是这片炎热的沙漠
中最酷的蝙蝠！
！

下边发生
什么事了？

今晚的人真
多啊！
是呀！

看！
另一只
蝙蝠！
你在附近见过和
我一样的蝙蝠吗？
我迷路了。

对不起，朋友，
我只见过今晚出来的
其他吸蜜蝙蝠。

哇，这些
人类真的好喜
欢你啊。
哦，那当然！
吸蜜蝙蝠在这里可是
小有名气的。

我觉得这个新来的小家伙
不是沙漠蝙蝠，但是不好说，
因为全球有1000多种蝙蝠。

哦！他们周围
有好多虫子啊！真
是一场盛宴！一次
虫子自助餐！

你是个吃虫子的？
那就不给你花了。
嗯，对的，
我不要花。
那应该是莹鼠耳蝠，
一种很常见的蝙蝠，但是
它们对沙漠不太感兴趣。

夜晚的朋友
大多数蝙蝠是夜行性动物，它们更喜欢白天休息，夜晚出来活动。
不管是吃什么的蝙蝠，夜晚出来活动都有很多好处。

我只要那里的一点虫子就可以了！
朋友，那些都是你的！我没兴趣。
那这些人类呢？我去吃些他们吸引来的虫子，他们会不会介意？
不会的！人类看上去很讨厌虫子……
放心去吧！

大部分蝙蝠是食虫动物，它们喜欢吃虫子，就像这只莹鼠耳蝠一样。在美国只有少数几种吸蜜蝙蝠，而食果类蝙蝠则完全没有。

有的蝙蝠喜欢夜晚，是因为它们爱吃的虫子会在这个时候出来。
哈！
有的蝙蝠喜欢夜晚，是因为它们爱吃的果实和花朵只能在太阳下山后才能获得。
嗯嗯！
蝙蝠们夜晚出来活动，被捕食的风险比白天更低。
哎呀！
那吸血蝙蝠呢？
嗒嗒！
嗒嗒！
确实有吸血蝙蝠，但是它们基本都生活在中美洲和南美洲。全世界只有三种吸血蝙蝠。
毛腿吸血蝠
Diphylla ecaudata
普通吸血蝠
Desmodus rotundus
白翼吸血蝠
Diaemus youngi

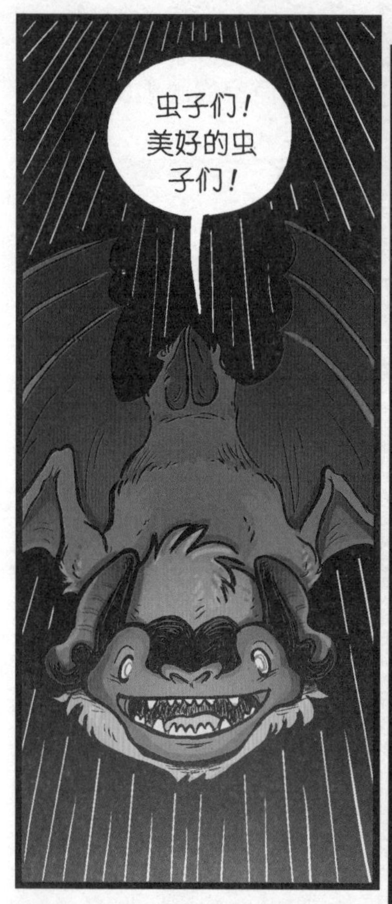
虫子们！
美好的虫
子们！

哇！
哈哈！
你好，小
家伙！你看来
是饿了！
这个小家伙离得这
么近，是因为我的灯引
来了一些虫子。它会用
回声定位，那是……

啊！
它疯了！
它在我头发里！
它为什么靠
这么近啊？！
不要被它咬到！

走开！
啊！
对不起！
我不知道这些虫子
是你们的！
全都归你
们了！
住手！
冷静啊！
它只是想吃
虫子！

快把你
们的手放下，
你俩都是！
它会自己
飞走的！
快把它
弄走！
站着别动，
亲爱的，我会
抓住它的！
妈妈！爸爸！
听他的，你们不
会有事的！

什么是回声定位？

蝙蝠利用回声定位在黑暗中捕捉猎物和确定方向。蝙蝠发射超声波进行探测，有点像声呐。通过分析反射回来的声波，蝙蝠可以“看见”物体的外形。

回声定位经常被描绘成一组向前移动的声波和一组折回的声波。

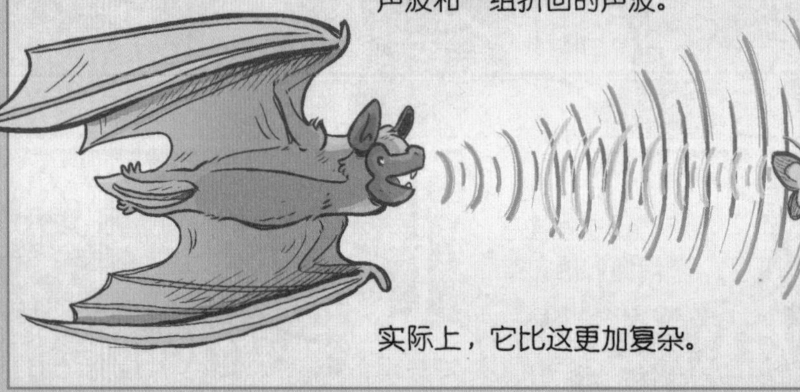

为了追逐飞行的虫子，蝙蝠会发出声波。发出的声波越多，被反弹回来的就越多，蝙蝠头脑中昆虫的飞行路径就越清晰。

不同蝙蝠发出的声波是有差别的。很多蝙蝠可以每秒发出大约100个声波，然后几乎同时听到回声。这是一个持续的循环，让蝙蝠能不断获得昆虫的最新位置。

回声定位只能用来追踪猎物吗？ 蝙蝠的回声定位有多种用途。

可以在飞行中避开物体，比如树枝或者黑暗洞穴里的墙壁等。
太大啦！
正好合适！
可以提前知道猎物的大小和形状，然后再决定是否追击。
有的吸蜜蝙蝠使用回声定位来确定花朵中是否还有花蜜，这样就不用浪费时间依次确认了。
回声定位的改进
蝙蝠可以制造出哺乳动物中少有的高频声音，但是不用担心，这不会对它们的耳朵造成损伤。
为了保护耳朵，一些蝙蝠听不到自己发射的声波，只能接收反射回来的声波。
另一些蝙蝠可以在发出声波的同时准确地闭合鼓膜，然后再打开鼓膜去听回声。
?

啊！
哎哟！
蝙蝠两翼的结构是怎样的？
如果一只蝙蝠有人那么大，它可能会认为它的翼就是手，事实也的确如此。
就像你可以活动腕部和手指一样，蝙蝠也可以活动它的双翼。
蝙蝠的“手”和人的手有类似的结构，甚至连手指也很像！
腕部
拇指
前臂
第三指
肘部
蝙蝠翼上的前臂、腕部和手指，由有弹性的薄膜状皮肤连接，这些皮肤称为翼膜。

蝙蝠如何起飞？ 蝙蝠虽然非常擅长飞行，但是并不能像鸟一样从平地上起飞。

蝙蝠必须从高处落下，然后滑翔一会儿才能起飞，所以它们中的大多数喜欢倒挂着。

停留在比较高的位置时，蝙蝠更容易起飞。

如果蝙蝠不小心掉落在地面上，它们可以用拇指和脚来爬行，但是速度比较慢。一只在地上的蝙蝠如果不能在附近找到可以攀爬的东西，很容易成为捕食者的盘中餐。

哦！
我的翼！
那个人类把我的翼弄坏了！

退后点！
不要去碰它！
它受伤了吗？
还能飞吗？
它看上去受伤了，但是它在地上，具体状况不好确定。

让我看看它到底怎么了。
我得戴上手套，好在我接受过
野生动物处理方面的培训。
啊啊！
快走开！
我很好，
我发誓！
看起来它的翼
好像坏了。
它好小呀！
它在空中扑腾
的时候感觉比现
在大多了！
小家伙，
你真是吓到
我了！
我以为你要
吸血呢！

爸爸，
它不吸血！
你有没有听到护
林员说的话？
我能做些
什么吗？

我得带它去
看兽医。
你去卡车上找
些纸袋子吧。

哦，
对不起。
我父母喜欢拍摄大
自然，但是他们不喜欢大
自然中的任何东西离他们
太近！这有点荒唐。
啊，没事
的，这不是你
的错。

这只蝙蝠的翼
能治好吗？
嘿！所有虫子都是
你们的！没必要把我关
进“纸监狱”里吧！
嗯，我带它去野
生动物医院。我知道一家
医院，那里的一位医生是
专门治疗蝙蝠的。

我能去拜
访他们，看看这
只蝙蝠的恢复
情况吗？
救命！谁能
救救我！
当然可以！那位兽
医叫丽贝卡。

看来我被绑
架了！

嘿！

该起床了。
眨眼
眨眼

你醒了，小家伙！

嗯，你经历了一个相当糟糕的夜晚，对吧？一只莹鼠耳蝠能在沙漠里干什么呢？是迷路了吧？
啊？嗯？

可怜的小家伙，怎么会有人认为你可怕呢？
哎！我可没那么小！

你的翼骨折了。
不过不用担心，在这里
待几周就好了。

什么？
你把我的翼
怎么了？

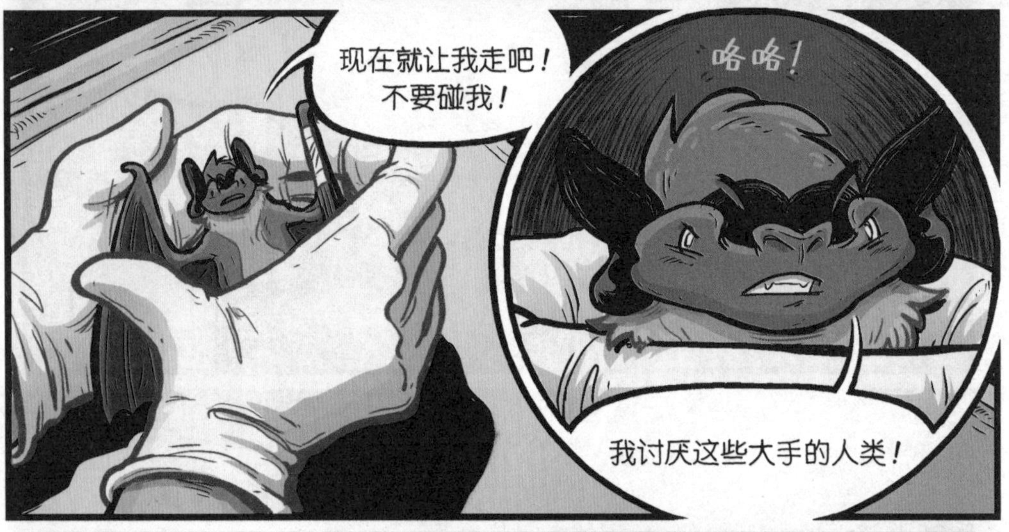
现在就让我走吧！
不要碰我！
咯咯！
我讨厌这些大手的人类！

你很走运，
那个护林员把你带
到了这里……

萤鼠耳蝠，
欢迎来到你临时的家。
我是丽贝卡，朋友们叫
我里芭。
我是一名兽医，
而且专门治疗野生动
物，所以你会得到很
好的照顾。

很好的照顾？
用你们那巨大无比的手
吗？快点放了我！

每只蝙蝠都很友
好，你肯定会在这
里交到朋友的。
快让翼休息一
下。我很快就会
给你做检查。

你就把我扔
这里了？！
放我走，
大手怪！

倒挂着生活

为什么大多数蝙蝠能轻松地倒挂着？因为它们的脚非常独特，肌腱没有连接肌肉，而是直接和上半身相连。

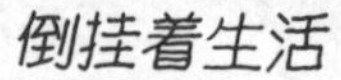

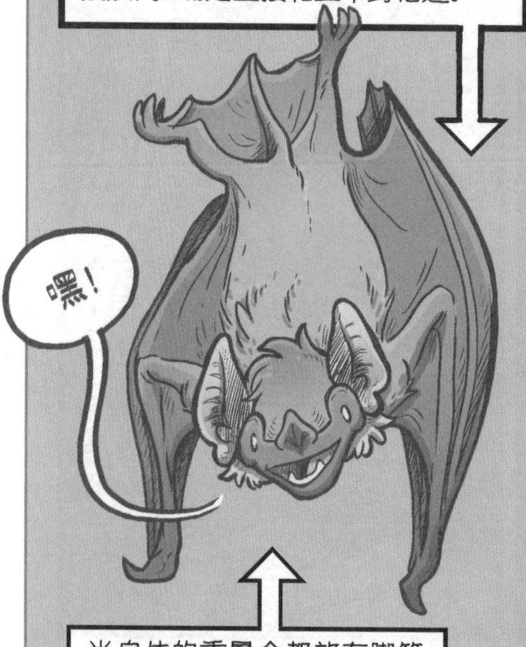

当身体的重量全都放在脚筋上的时候，脚筋就会收紧。

就像夹紧的扳手一样，当蝙蝠的脚筋收紧时，保持这个动作只需要很少的能量。

对蝙蝠来说，松开反而比紧握更费力。

俗话说：
坚持就是胜利！
等一下！

因为我想吃那些虫子，所以被关在这儿了？
这是对我的惩罚？
这是蝙蝠监狱？

我说了对不起！你们可以吃掉所有虫子，真的！

好，如果这是蝙蝠监狱，那我要越狱！

咯吱！
嘿，朋友！你知道自己在干什么吗？

蝙蝠会头晕吗？

蝙蝠倒挂的时候不会像人一样头昏目眩。

蝙蝠的动脉非常强大，在倒挂的时候可以让血液平稳地流过胸部和头部。

因为它们睡觉时不用挥动双翼，血液会流向最需要的地方。蝙蝠们不仅不会头晕，还会感觉很舒服，也节省了能量。

听着，朋友，
我不认识你，而且
我必须逃！……

眼镜狐蝠
Pteropus conspicillatus
好吧，
你想走就走吧。
但是最好别
拆绷带。

好……
好大！

啊啊！
哦，对不起！
我不是想干涉你的事，
只是想提醒一下！

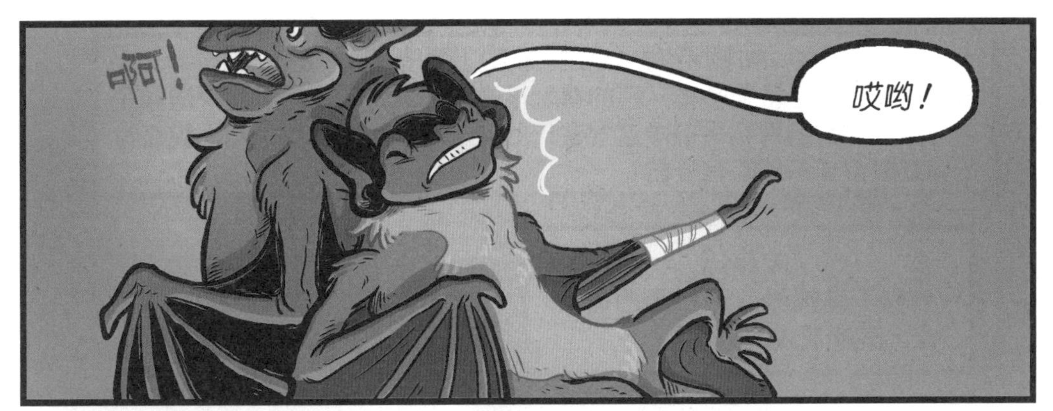
啊!
哎哟!

嘿，小家伙，你没事吧?
大真蝠
Eumops perotis

?
别靠近我!

这里的蝙蝠都好怪异啊!
它没事吧?
不知道啊。

面貌奇特（也很奇妙）的蝙蝠！

蝙蝠的面部形态多种多样。有的看起来像狐狸或狗，有的看起来像猴子或老鼠，而有的看起来不像这个星球上的任何东西！少数几种面貌奇特的蝙蝠在全球各地都有分布！

大真蝠
分布于美国西南部和墨西哥，是北美洲最大的蝙蝠。
襞面蝠
俗称老头蝠，分布于中美洲。它们的脸小，牙齿很厉害，很适合咀嚼未成熟的果实。
南美球果蝠
是南美洲非常稀有的一种狐蝠，它们面部有帽檐状突起，可能是为了吸引异性。这个突起越大的蝙蝠越帅气。

几种蝙蝠的分布示意图

马铁菊头蝠
发现于欧洲、中东和亚洲，拥有独特的上下都有些弯曲的鼻叶，可以增强回声定位的效果。
格氏蹄蝠
只发现于越南，这种蝙蝠回声定位的时候是用鼻子而不是嘴来发声的。
查平犬吻蝠
生活在非洲。莫霍克式的冠可以让它的气味散发到空气中，以吸引异性。
昆士兰管鼻果蝠
分布于澳大利亚，除了拥有独特的脸以外，与其他狐蝠很像，并且很爱吃无花果。

我有点心疼这个新来的家伙，它看上去吓坏了。
阿红，据我观察，这是典型的笼子恐惧症。
灰鼠耳蝠
Myotis grisescens
赤蓬毛蝠
Lasiurus borealis

阿灰，你应该跟它聊聊，你对新人很有一套。
是啊，试试也无妨。

咯吱！
嘿，你好。那只大蝙蝠是对的，你还缠着绷带呢，要冷静。

轮不到你管，你个老蝙蝠！

你可以叫我
老灰，另外，绷带
对你很有好处。
妨碍我飞行的东西能
对我有什么好处？
它们会让你
痊愈。
如果里芭给
你绑了绷带，说明
你需要它们。
她知道应该
怎么做。

里芭是那个医生？从你
的样子来看，她好像并不
知道自己在做什么吧！

如果没有里芭，我
就活不到现在！这里是动
物医院，但是对我而言，
也是我的家。

一只暗中跟踪的猫把我弄成了这样。
无论是里芭还是其他任何人，都无法治好我的翼。

当时我飞来飞去，享受着夏日的空气，吃着各种虫子。

在灾难发生前，我根本不知道有猫。

我放松了警惕，为了追只虫子飞得离地面太近了。

那只猫抓住了我，把我当作一个取乐的玩具。
走开！
喵！
我以为要没命了，但是最后得救了！

一个人类男孩帮
我赶走了猫。
妈妈，
快过来！

这是常有的事，
也许我们不该管它。
那个男孩坚持要
带我去看兽医。

它伤得很
严重，我会尽我
所能救助它。
里芭尽力了。

但她没法完全治好我。
那是只宠物
猫吗？
哦，我曾经想
过这个问题，但我
也没有答案。

这无关紧要。我当时太大意了，任何捕食者都可能抓到我。
不是任何一个人都会救我。
但那个男孩做到了，我很高兴。
我受伤后，一个慢跑的人打电话给动物管理中心，救了我。
一个女孩和她的狗发现了我。
你呢？你的双翼怎么了？
一个人把我从空中打了下来！

那个人以为我要飞进她的头发里！
真是恶心！
恶心！我们要他们的头发干吗？
像鸟一样筑个巢？
让我来猜猜，你是想吃他们身边的虫子吧？
对！他们看起来并不想要那些虫子啊！
他们是不要！
但是他们好像也不想让你得到那些虫子。
实在搞不懂。

既然你们知道这些，那我应该不是这里第一个被人类弄伤的蝙蝠，对吧？
没错，你也不会是最后一个。
嗯嗯！

我能问一下你吃的是什么吗？
甲虫的幼虫！
它们很有营养吗？
是啊！里芭喂我们吃这些虫子！这可以让我们变强壮！

mmm
这里的蝙蝠都生病或受伤了吗？
我现在带你四处逛逛去。
我要把你介绍给大家。

翼手目

在分类上，所有蝙蝠都属于哺乳动物中的一个目，叫作翼手目。翼手目包含两大群体——大蝙蝠亚目和小蝙蝠亚目。

大蝙蝠亚目

大蝙蝠亚目是食果类蝙蝠。一小部分也吃除果实以外的东西。

小蝙蝠亚目

小蝙蝠亚目的成员捕食昆虫。一些种类也会吃小型哺乳动物、鱼类和花蜜。

果蝠也叫狐蝠，它们有一双大眼睛，用来寻找能吃的果实。它们没有回声定位。

许多小蝙蝠亚目的成员只吃昆虫。它们的脸短，上面有褶皱，适合感知回声定位的声波。

吸蜜蝙蝠大多属于大蝙蝠亚目，但是小蝙蝠亚目中也有。它们擅长在空中悬停，长长的舌头可以伸进花里。

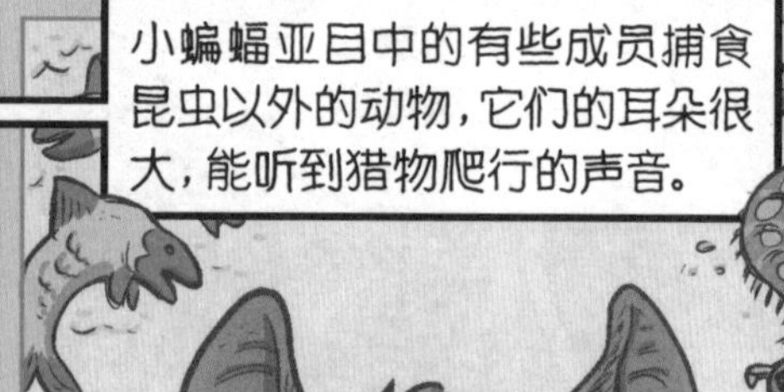

小蝙蝠亚目中的有些成员捕食昆虫以外的动物，它们的耳朵很大，能听到猎物爬行的声音。

你好，我是萨拉。
我之前给你打过电话，
询问受伤的蝙蝠。
你现在方便吗?
没事的!
进来吧!
谢谢，我来看看
它怎么样了。
这……这个
不是它吧?
不是，这是
只小的雌性赤
蓬毛蝠。
你在给它
做什么?
它正在接受
体检呢。
我在给它刷牙。

为什么要给蝙蝠刷牙？
它们在野外不会这样做吧？
是的，但是它们在医院里吃不到在野外吃的食物。
我们给它们喂高脂肪的甲虫幼虫，这对它们的牙齿并不好，但对它们的康复有好处。

都做完了！
哇，它看起来好安静！

如果没有危险，蝙蝠喜欢放松下来保存能量。

你想见莹鼠
耳蝠吗？
嗯！
它的手臂有
点骨折，体重也
有点轻。

它在这儿，
灰鼠耳蝠的
旁边。

真不敢相信
我爸妈会怕一只
小蝙蝠！
这种情况比你想象得
更常见。很多人对蝙蝠知之
甚少，这是很可怕的！

你愿意帮我喂一
只狐蝠吗？
好呀！
那太棒了！

照顾蝙蝠
好像有好多事
情要做。
我有助手——
像你一样的志愿者，
他们会照顾蝙蝠。
你有兴趣参加
志愿者活动吗？
你肯定能和它们
相处得很好的。
我愿意！

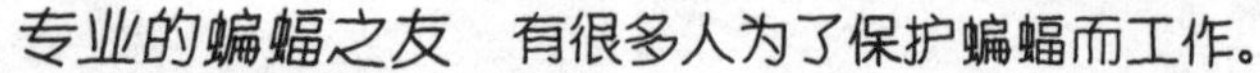
专业的蝙蝠之友　有很多人为了保护蝙蝠而工作。

公园护林员/
动物救助人员
兽医/
野生动物康复师
哺乳动物学家
蝙蝠学家
保护生物学家
洞穴学家
志愿者/
实习生
你想成为一名专业的蝙蝠之友吗？
看完这本书，你会了解更多！

你以前是不是没见过狐蝠？
没有，是那些大家伙吗？
它们在吃什么？
看起来好恶心！
受惊的小家伙，它们只是在吃果实。
什么？呕！为什么它们不吃美味的虫子呢？
你好，眼镜！你们还好吗？
我想那只是它们的食物，并没什么恶心的。

你好呀，
阿灰！
你也好呀，小家
伙！你叫什么？
嗯……

没事！你可以
等会儿再告诉我
你的名字！
感到紧张很正常，
我们都还记得刚到这
里时的心情！
我只是从
没见过像你这样
大的蝙蝠。

哈哈，当然啦，
朋友！
我们这些
狐蝠都不是本
地的！

我来自澳大
利亚海岸。
它来自印度。
它来自马达
加斯加。
世界上有很多不同
种类的狐蝠。
你好！
你好！
印度狐蝠
Pteropus giganteus
马岛黄毛果蝠
Eidolon dupreanum

你们看上去并没有
受伤啊，为什么会在
蝙蝠医院里？
如果你在北美洲
见到一只狐蝠，那是因为
人类把它带到了这里。

我无法代表所有的狐蝠，但是可以告诉你我是怎么到这里的。

当我还是只小蝙蝠时，我一直生活在澳大利亚。

我和我妈妈生活在一起，还有上百个其他家庭成员。那时的生活真的太棒了！

喋喋不休的蝙蝠　回声定位的频率很高，人类是听不到的，但是你也许听过蝙蝠们交流时发出的其他声音。

像人类的声音一样，不同种类和个体的蝙蝠，其叫声都是独一无二的。蝙蝠可以通过声音，从栖息处数以千计的蝙蝠宝宝中找到自己的孩子。

因为人类砍伐了很多果树，
我们很难找到充足的食物。

他们为什么要
砍果树呢？

人类砍树有时候是为了木材……

有时候是为了拓展空间建造社区……

有时候只是为了种植更多的果树！
但是他们只种植自己爱吃的水果。

我觉得这真是太好笑了！
这一点儿也不好笑！
这取决于你看问题的角度。当一片森林消失的时候，我和家人会重新造出一片林子，不需要人类的帮助！
所以人类的这些行为很好笑。
蝙蝠是如何让森林重生的？
蝙蝠吃掉果树上的果实，果实中有种子。
当它们飞越森林中被砍伐的区域时，会在空中排便，蝙蝠粪里面有果树的种子。
如果周围没有其他树，种子就会长成果树。
果树会结出更多的果实，吸引更多的蝙蝠。
对蝙蝠来说，没有比拉便便拉出一片森林更棒的工作了。
拉便便是你们的工作？
没错！当一片森林在暴风中倒下，谁会在那里种上新树呢？除了狐蝠还能有谁！

不得不承认，
拉出一片森林真
是够酷的，
但是该怎么
解释……
一只澳大利亚
的狐蝠出现在
北美洲？

那时候我还是一只小蝙蝠。

我又累又饿，家里的其他成员也一样。
我们出去寻找食物。
后来
我看到了
它们！
装满了美味水果的箱子！

我实在太饿了，想都没想就
钻了进去。
我没注意到其他同
伴没有一起跟来，注
意到时已经晚了。

当我明白过来的时候，
已经被运到海外了！
一个人发现了我。他觉得我很可爱，
并没有把我送回去，而是将我留下了。
我一直很可
爱！哈哈！
但我的体形很大！
很快，我的翼展就和他
的身高差不多了！

人类的公寓可没有地方养大型蝙蝠。
呵呵呵！
快停下！
发现我的那个男人请动物管理中心帮我找一个新家。
于是，里芭医生把我接到了这里。

现在，我和里芭医生去学校和图书馆做示范，
并为人类讲解蝙蝠知识。

我们一起合作，让孩子
们知道蝙蝠有多酷！

哦！
蝙蝠太神奇了！

我感觉在这里找到了一份很酷的新工作！

蝙蝠的栖息处是什么？

栖息处是蝙蝠们一起生活的地方，它们可以在那里休息、繁殖后代。大部分人认为蝙蝠只生活在洞穴里。

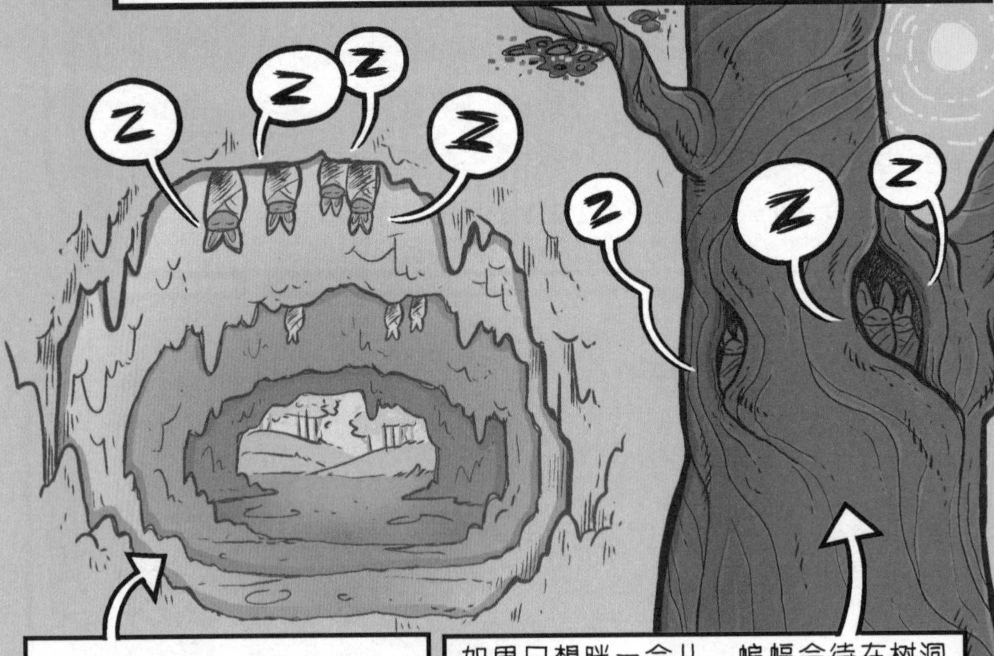

蝙蝠夏天在洞穴里哺育幼崽，冬天在里面冬眠。

如果只想眯一会儿，蝙蝠会待在树洞里，悬挂在树皮上或者一些人造的蝙蝠栖息设施里面。

再也回不到野外了，
你会难过吗？
我有朋友、食物和住所，
并且里芭真的很关心我们。
虽然不是原
来的家，但是我
们很快乐。

其实，蝙蝠栖息在洞穴里的频率比你们想象的要低。只要觉得安全，它们会睡在各种不同的地方。
Z
Z
Z
Z
狐蝠不冬眠。它们生活在气候温暖的地区，白天通常栖息在高处结实的树枝上。
一些热带蝙蝠躲在弯曲的树叶下避雨，那就像它们的帐篷一样！它们咬断树叶的叶柄或者叶脉，让叶子耷拉下来变成庇护所。

你准备好去见更多的蝙蝠了吗？
是的！
再见啦，吃果实的伙伴们！
再见，小家伙！
再见！
再见！
其他蝙蝠跟我们一样是吃虫子的吗？
其实这些家伙更喜欢花。
花？
是的，它们是吸蜜蝙蝠！
哦，好的。我们或许不用去见它们。我……我不太喜欢吸蜜蝙蝠……
但是你还没见过它们呢！
我已经见过那些大型狐蝠了，再见这些小型的有什么意义呢？
嘿！

我们不是小型
的狐蝠！
我们是另一
个群体！
墨西哥长吻蝠
Choeronycteris mexicana
我们使用回
声定位！
我们会
迁徙！
我们吃
花蜜！
嘿，朋友们，
它没有别的意思。

白长舌蝠
Leptonycteris nivalis
它是新来的。
如果没有我
们，很多狐蝠就没
有果实吃了！
是谁给花传粉
并让它们结出果实的？
嗯？当然是我们！
管唇长鼻蝠
Anoura fistulata

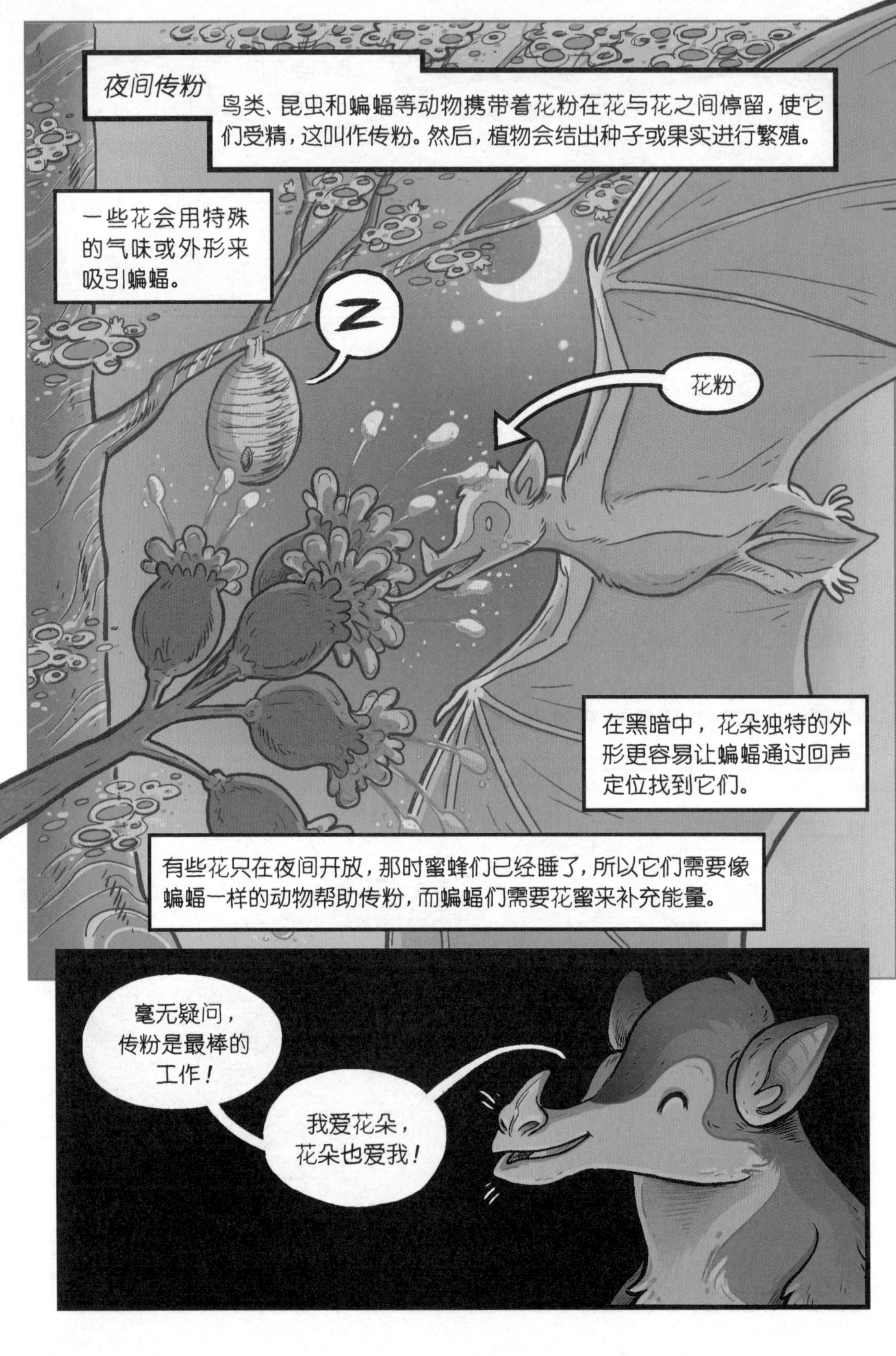
夜间传粉
鸟类、昆虫和蝙蝠等动物携带着花粉在花与花之间停留，使它们受精，这叫作传粉。然后，植物会结出种子或果实进行繁殖。
一些花会用特殊的气味或外形来吸引蝙蝠。
Z
花粉
在黑暗中，花朵独特的外形更容易让蝙蝠通过回声定位找到它们。
有些花只在夜间开放，那时蜜蜂们已经睡了，所以它们需要像蝙蝠一样的动物帮助传粉，而蝙蝠们需要花蜜来补充能量。
毫无疑问，传粉是最棒的工作！
我爱花朵，花朵也爱我！

翼手媒　意思是植物以蝙蝠作为传粉媒介。
大约有500种植物依靠蝙蝠传粉。
芒果
无花果蝠
榴莲
大长舌果蝠
香蕉
芭蕉长舌蝠
可可
巴拿马长舌蝠
番石榴
黄花蝠
一些人类喜欢的食物是由蝙蝠传粉的。
我并不了解这些……但这听起来不太像蝙蝠。
感觉怪怪的。

眼镜说最好的工作是给土地播种，而不是给花传粉。

真是荒唐！好像到处拉大便也很辛苦似的！
传粉是真正的工作，而不是无关紧要的点缀！

不仅如此，人类也非常喜欢我们做的事，他们会填满蜂鸟喂食器，这样在晚上就能看到我们吃东西了！
是吗？真为你高兴！

嘿，你们两个！

我要带它走了，这半天下来它可能有点累了！

嘿，哥们儿，
你刚刚是什么
态度啊？
你为什么针对
吸蜜蝙蝠？

我只是……
我觉得
它们……
自命不凡。

自命不凡？

是啊，你也看见了，
它们觉得自己是那么酷，那么可爱，
自己的工作是那么重要。

人类只喜欢可爱的、毛茸茸的吃素蝙蝠。人类会喂它们吃的，甚至专程去看它们，给它们拍照。
哇哇哇!
晦气!
但是他们看到我的时候只会驱赶我。

嗯，我知道，你就是这样受伤的。
人类有时候会有点惊慌，他们只是不知道蝙蝠有多酷而已……
即使他们认为我们中的一些成员比其他的更可爱。
但是，你不能怪吸蜜蝙蝠长得毛茸茸的。

如果它们不是毛茸茸的，就没法成为出色的传粉者。

它们就不能做自己的蝙蝠工作。

好吧，我明白了。

小小的凹脸蝠！　凹脸蝠是世界上最小的蝙蝠！

Craseonycteris thonglongyai

体重：约2克

体长：约30毫米

真实的大小！

体长：约40毫米

它们很小，所以也被称为大黄蜂蝙蝠。

它与小臭鼩都是世界上最小的哺乳动物。

小臭鼩 *Suncus etruscus*

体重：约1.5克

哎！
哎！
这会让你感觉好点吗？
嗯，我觉得不错！
也许我们可以分享一只甲虫幼虫！
它们也像我们一样吃虫子吗？
大小对比！ 世界上最大的蝙蝠是狐蝠。
鬃毛利齿狐蝠 Acerodon jubatus
其中一种叫鬃毛利齿狐蝠，它拥有蝙蝠中最大的体形和最长的翼展。还有其他几种双翼也很宽大的狐蝠：
翼展1.5—1.8米
凹脸蝠
1.8米高的人
灰首狐蝠 Pteropus poliocephalus
黑妖狐蝠 Pteropus alecto

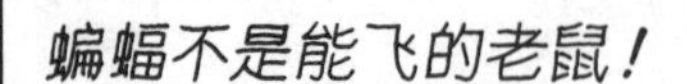

蝙蝠不是能飞的老鼠！

有些人认为蝙蝠看起来就像飞行的啮齿动物，但老鼠等啮齿动物与蝙蝠完全没关系。

蝙蝠与人类、猴子和类人猿等灵长类动物关系密切。
它们通常一次只生一个孩子，有时是双胞胎或者更多。
它们的寿命都长达几十年。
它们都有用于撕咬的犬齿，都是杂食性的。
它们都有可以和其他手指相对的拇指，增加了手和翼的活动范围。

有些蝙蝠看起来像啮齿动物，但啮齿动物能产下大量的幼崽，它们的寿命只有短短几年，它们有用来啃东西的门牙，它们的爪子没有拇指。

任何啮齿动物都不能飞行。即使是鼯鼠，也只能在树与树之间滑翔，无法自己飞到高空。

哇！看看那些伙伴！
你想让我见的是那些蝙蝠吗？它们看起来像是吃虫子的。
嗯，没错，它们是会吃些虫子，但是……
太棒了！那些蝙蝠和我们一个类型！
不！等等！

哦，你好！我是小莹……我是个蝙蝠！

我是说……
当然，我是只
蝙蝠。

我们都是蝙蝠。
也许我们是同一类
型的蝙蝠呢？
虽然不是同一
物种，但我们的工作
是一样的吧？
我有点语无
伦次了……

我只是想
知道你是否喜
欢吃虫子！

我们不只
吃虫子。

所有能动的东西
我们都吃！

哎哟，哎哟，哎哟！

哎，叶子！得了吧，你明知道那个肩膀不该乱动的。
好吧，我知道，真抱歉。
不用跟我说抱歉，那是你的肩膀！

这是叶子。它是我们中最大的，所以它觉得自己很强悍！
别理它。它就喜欢装作很吓人的样子，因为它觉得自己是吸血蝙蝠！

我就是吸血蝙蝠！
你是个冒牌的吸血蝙蝠！
人类不把它这个物种归为吸血蝙蝠，而是称为美洲假吸血蝠。
我是一只苍白洞蝠，而你看起来是一只莹鼠耳蝠。
美洲假吸血蝠 Vampyrum spectrum
澳洲假吸血蝠 Macroderma gigas
苍白洞蝠 Antrozous pallidus
是的！你喜欢吃什么？我觉得这里的蝙蝠们喜欢的食物都挺奇怪的。
叶子的食物类型很多，除了虫子，也吃老鼠和蛙类。
我猜我只吃虫子。
你猜？到底是不是呢？

哈哈，是的！但和你吃的不太一样。

我像你一样吃一些飞虫。我喜欢捉飞蛾。

咯咯！
哎呀！
但我的专长是捕食蝎子和蜈蚣！当我听见它们匆忙地走在沙滩和岩石上时，我会悄悄地俯冲下来，给它们一个惊喜！

像我这样的蝙蝠捕猎时，不仅会利用回声定位，还会利用视觉和听觉，因为在陆地上爬行的动物有时能听到回声定位，然后躲起来。

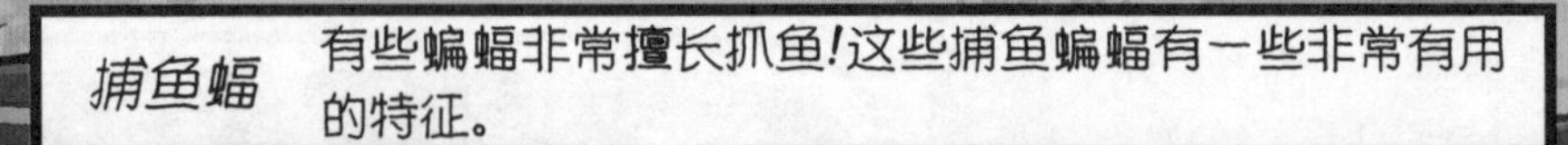

捕鱼蝠
有些蝙蝠非常擅长抓鱼！这些捕鱼蝙蝠有一些非常有用的特征。

大大的嘴巴更容易咬住光滑的鱼。

回声定位强大到可以知道鱼在水里的位置。

超大的脚能像网一样捞起鱼。

它们需要这些优势，因为捕鱼对蝙蝠来说是非常危险的。它们不擅长游泳，如果掉进水里，就有可能成为大鱼的食物。

如果蝎子爬到岩石下藏起来，我就抓不到了，因为我不想降落在地上。

吃大虫子是我的工作，我喜欢挑战！

你抓蝎子？！

你看起来那么友善，感觉不会做这么危险的事！

哈哈，
谢谢你！
外表有时是有
欺骗性的。
呵呵！
呵呵！
呵呵！呵呵！呵
呵呵！
呵呵！
你说得对！
你知道有一种
可爱的小蝙蝠只
吸血吗？

什么？！
这里有吗？
不，不，在南美洲！
我说的是真正的吸血蝙蝠。
别担心，
它不会什么血
都吸的。

要我说的话，吸血蝙蝠并不是真正的蝙蝠。
嘿，这么说不太好吧！
除了偷偷接近猎物，它们进食的方式也挺怪异的！
我刚来的时候真的很害怕奇怪的蝙蝠，但在你的帮助下，我明白了那些让我感觉怪异的地方正是那些蝙蝠的独特之处！
为什么蝙蝠要吸血？
科学家们一直想要弄明白吸血蝙蝠为什么吸血。最近的研究表明，这可能和它们体内的某些基因缺失或者不再起作用有关。
吸血蝙蝠会悄悄接近猎物，它们不会打扰对方。大多数时候猎物甚至觉察不到蝙蝠的存在。
Z
它们的牙齿非常锋利，小小地咬一口，大多数动物感觉不到。
吸血蝙蝠有时会从躺着睡觉的动物身上获取食物。正因如此，它们是为数不多的强壮到可以从地面起飞的蝙蝠。它们爬行的速度也比大多数蝙蝠快得多。

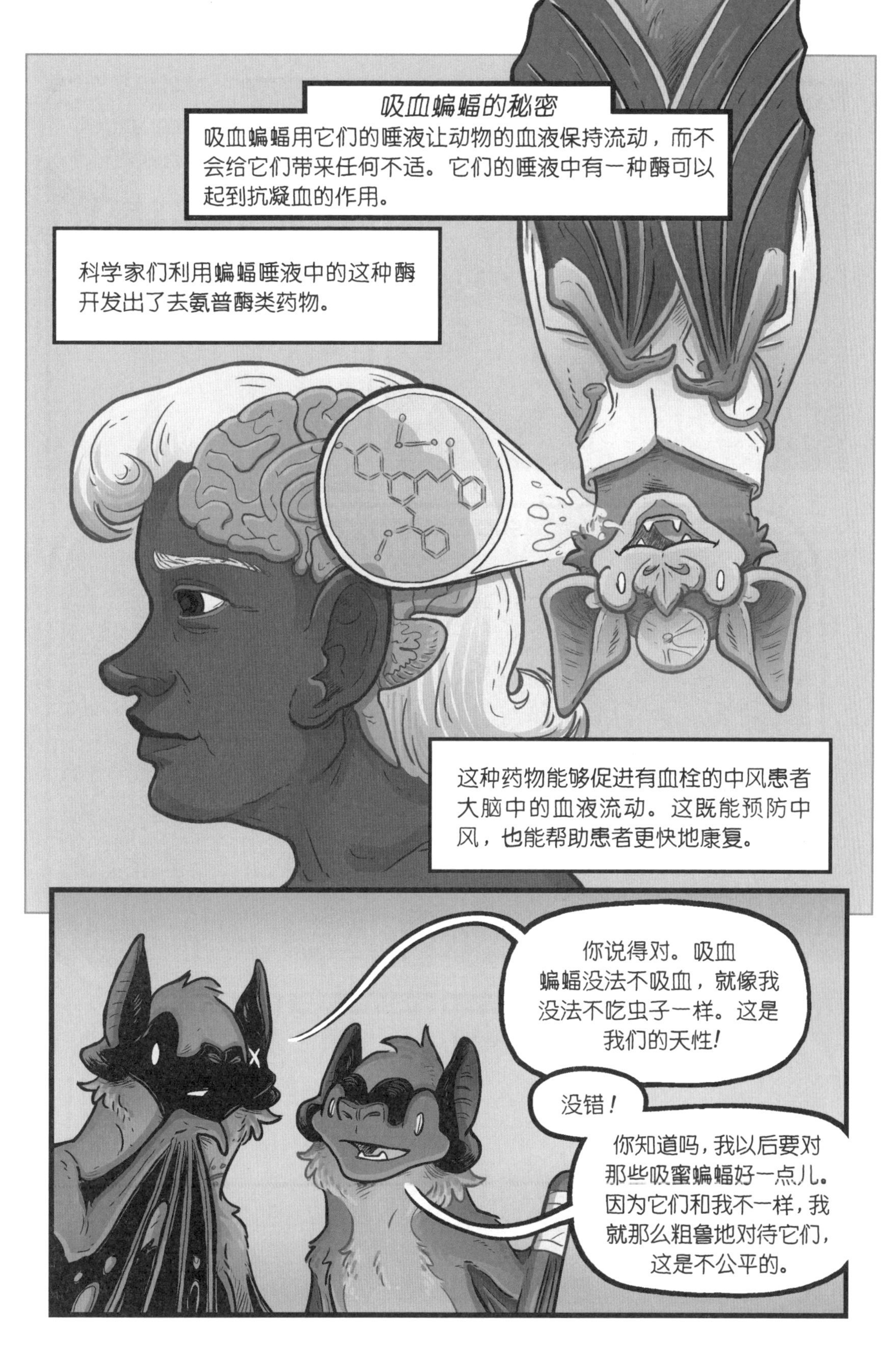
吸血蝙蝠的秘密
吸血蝙蝠用它们的唾液让动物的血液保持流动，而不会给它们带来任何不适。它们的唾液中有一种酶可以起到抗凝血的作用。
科学家们利用蝙蝠唾液中的这种酶开发出了去氨普酶类药物。
这种药物能够促进有血栓的中风患者大脑中的血液流动。这既能预防中风，也能帮助患者更快地康复。
你说得对。吸血蝙蝠没法不吸血，就像我没法不吃虫子一样。这是我们的天性！
没错！
你知道吗，我以后要对那些吸蜜蝙蝠好一点儿。因为它们和我不一样，我就那么粗鲁地对待它们，这是不公平的。

像你这样沉着
的捕蝎蝙蝠为什么
会来医院？

我猜可以称之为
“冬眠取消”。

我和我的朋友们正沉浸在冬眠中……
当时有几个冬季徒步的人走进了洞穴。

哇！

人类并没有任何恶意，
但他们大声说话，穿着靴子到处跺脚，
制造了很多噪声。
Z Z Z
哇！
它们在睡觉！

嗯？
已经春天
了吗？
居然有这么
多蝙蝠！

我都不知道这里
有个洞穴！
噢，快瞧！
它们醒了！
我们冬眠的时候不能中途醒
来，哪怕时间短也不行。蝙
蝠只有通过完整的冬眠才能
获得足够的能量度过冬天。

是春天！
快来呀！
哇！
春天来了！
饥肠辘辘又迷迷糊糊的我们
离开了温暖的山洞。

阿嚏！
外面对我们来说还是太冷了。
我们冷不防地被大雪困住了。

天哪！
它们这是怎么了？

我们该怎么
办呀？
它们是生病
了吗？
咱们怎么能帮
帮它们呀？
丁零！
丁零！
我们被冻得掉在地上，徒步者叫来了动物管理局的人，他们带我们去找丽贝卡医生。那些徒步者不知道我们在冬眠时是如此的敏感。

现在里芭
正在帮助我们变
得更强壮。
但当你回到野外时，
下一个冬天，会不会有其他
人类又触发这样的意外呢？

我希望不要再发生了。我听里芭说她和当地的自然保护人士正在努力让整个洞穴不再对外开放。
请您
不要进入
有时候人类和蝙蝠最好保持一点儿距离。

避开蝙蝠洞穴 在夏季和冬季都要远离蝙蝠栖息的洞穴。

美国一些州的法律禁止擅自进入有蝙蝠栖息的洞穴，自然保护人士也会在一些敏感洞穴的入口处设置特殊的门。

这些门可以让蝙蝠和其他动物出入，但是阻止人类干扰它们。

夏天，蝙蝠是不休眠的，它们的粪便堆积在洞穴的地面上，由此产生的氨气对人类的呼吸系统是有害的。

人类进入蝙蝠的栖息处不仅会打扰蝙蝠冬眠，许多人的登山靴还会携带来自其他洞穴的疾病和真菌。

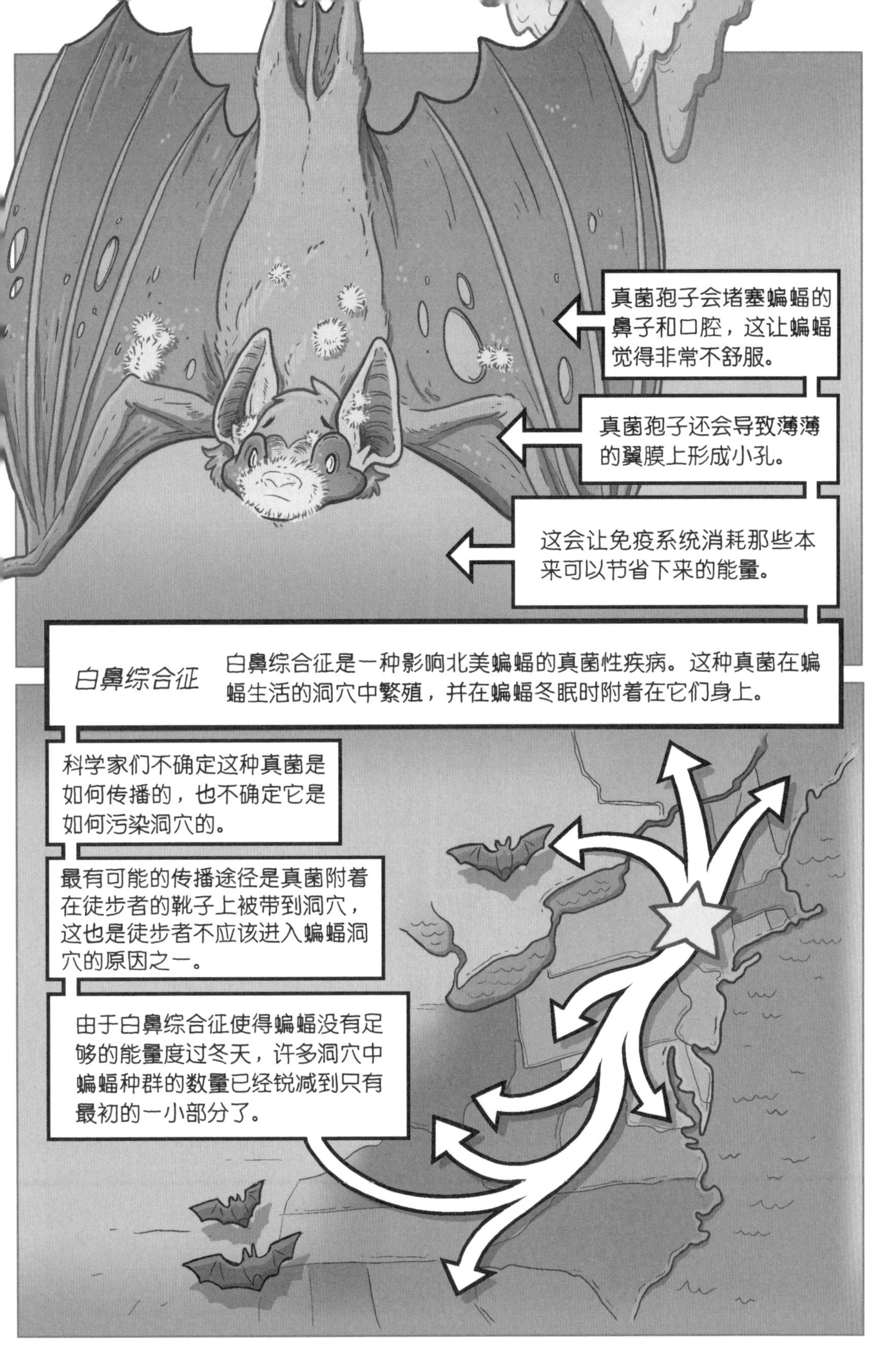

真菌孢子会堵塞蝙蝠的
鼻子和口腔，这让蝙蝠
觉得非常不舒服。
真菌孢子还会导致薄薄
的翼膜上形成小孔。
这会让免疫系统消耗那些本
来可以节省下来的能量。
白鼻综合征
白鼻综合征是一种影响北美蝙蝠的真菌性疾病。这种真菌在蝙
蝠生活的洞穴中繁殖，并在蝙蝠冬眠时附着在它们身上。
科学家们不确定这种真菌是
如何传播的，也不确定它是
如何污染洞穴的。
最有可能的传播途径是真菌附着
在徒步者的靴子上被带到洞穴，
这也是徒步者不应该进入蝙蝠洞
穴的原因之一。
由于白鼻综合征使得蝙蝠没有足
够的能量度过冬天，许多洞穴中
蝙蝠种群的数量已经锐减到只有
最初的一小部分了。

也许最后该去
见见那些和我们体形
差不多的蝙蝠了，
你觉得呢？
当然，换换风格
挺好的。

很高兴见到你，
小莹！
等你痊愈了，
你可以尝一尝蜈蚣！
见到你
我也很高
兴啊！
但我想我不
会去抓比我的嘴
还大的食物。
再见，伙
计们！记得再
来看我！
好嘞！

嘿，各位！
欢迎一下这只新来的食虫动物！
太酷了！
欢迎光临！
我们的数量足够形成一个迷你蝙蝠群了！

你被猫抓住了吗？
你被扫帚打了吗？
你被车撞了吗？
不，是被人在空中拍了一掌！
人类的触摸！好粗鲁啊！哈哈！

你怎
么了？
你遇见的也是
这类事情？
不，我被
驱逐了！
被驱逐了？
什么意思？从你的
栖息处吗？
是的！
没错！

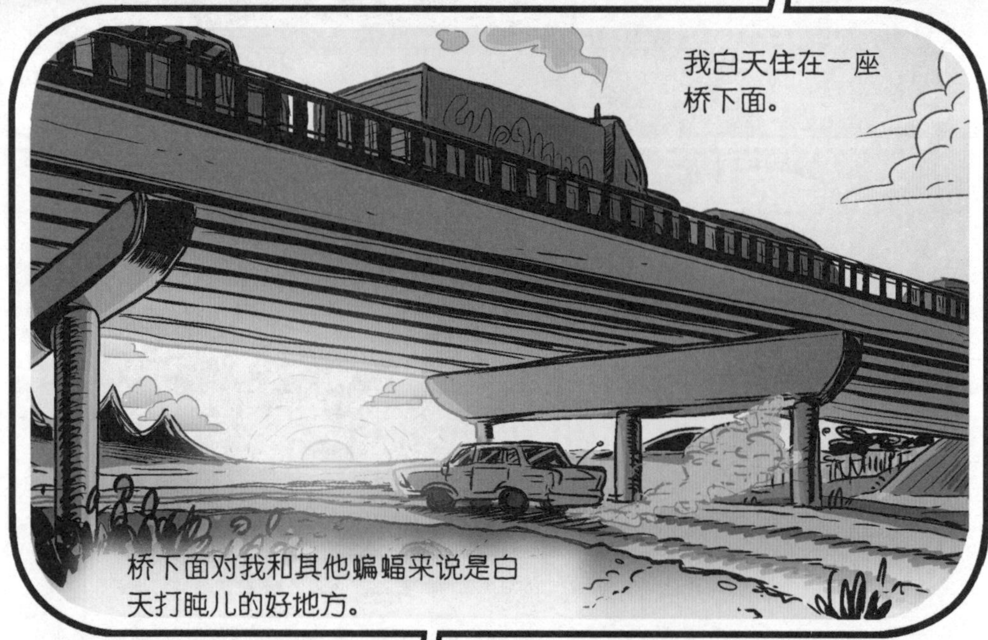
我白天住在一座
桥下面。
桥下面对我和其他蝙蝠来说是白
天打盹儿的好地方。

我们没有伤害任何人，
我们也不介意周围汽车
的噪声。

混凝土石板比较深，阴凉又昏暗，非常适合我们。
Z
Z
Z
Z
Z
Z
Z

但一些人发现了我们，他们担心我们可能会传播疾病。

Z
Z
Z
Z
Z
他们拿着棍子和扫帚，想趁我们睡觉时把我们赶出去。他们来的时候我们并没有发现。

我们试图飞走。

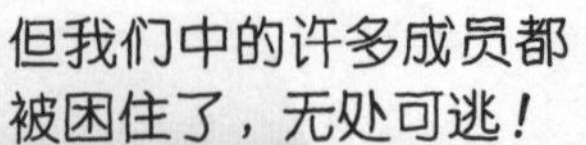
但我们中的许多成员都
被困住了，无处可逃！

蝙蝠离开洞穴

当大量蝙蝠同时从栖息处离开时，场面很壮观，就像是“蝙蝠龙卷风”。

美国得克萨斯州的布兰肯洞穴有世界上最壮观的“蝙蝠龙卷风”，蝙蝠数量庞大到气象雷达都能看到。

蝙蝠形成“龙卷风”可能是为了迷惑捕食者，或者仅仅是因为它们正好同时离开或者进入栖息处。

一定是有人看到他们了，因为
一个警察过来阻止了这些人。

这位警察知道，对周围的人来说，被惊吓的、受伤的蝙蝠比
安静睡觉的蝙蝠更危险。

他把我们都带到了蝙蝠
医院，让我们在这里恢
复健康，以后回归野外。

要我说，将正在打盹儿
的动物赶走是不对的。

等等，你说人类认为我们传播疾病？什么病？

狂犬病！

狂犬病？？

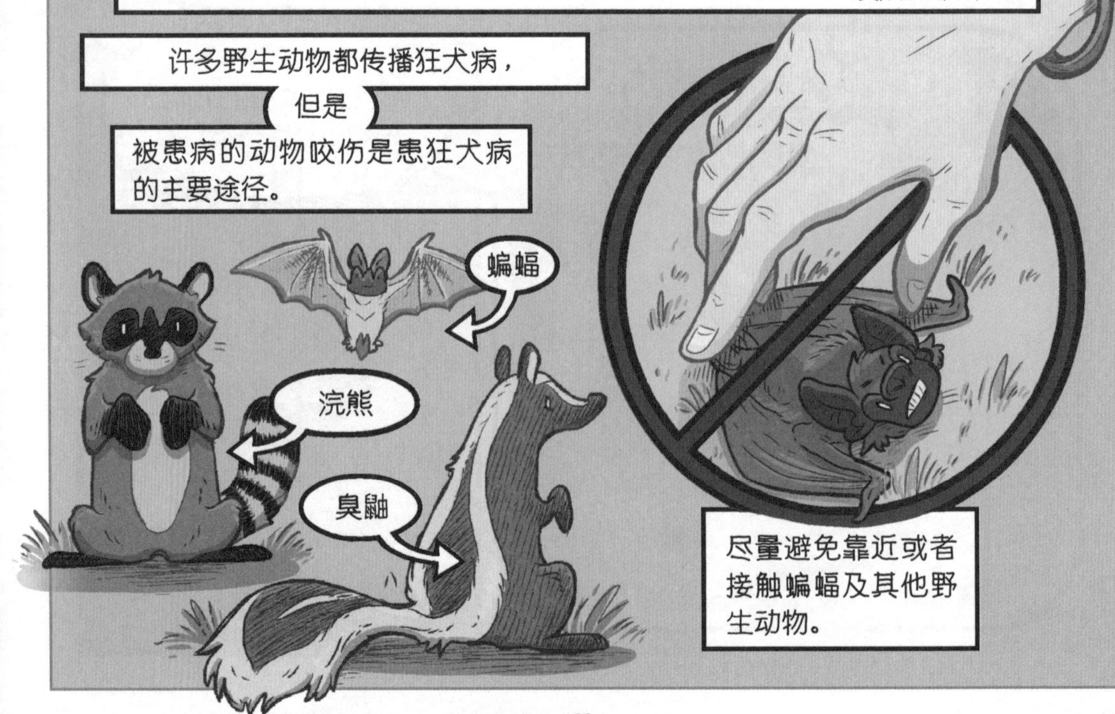
蝙蝠和狂犬病
狂犬病是一种可以通过动物唾液传染给人类的病毒性疾病，如果不及时治疗的话，可能有致命的危险。
仅仅通过观察蝙蝠，你无法判断它是否有狂犬病……但是，白天活动的蝙蝠，或者在平常不出现的地方出现的蝙蝠，可能患有狂犬病。如果一只蝙蝠不能飞而且很容易接近，那它很可能有狂犬病。
—— 疾病控制中心
许多野生动物都传播狂犬病，
但是
被患病的动物咬伤是患狂犬病的主要途径。
蝙蝠
浣熊
臭鼬
尽量避免靠近或者接触蝙蝠及其他野生动物。

所以蝙蝠
确实会有狂
犬病？
任何野生哺乳动物都
可能有狂犬病，为保险起见，
人类最好不要碰我们。
蝙蝠在你家中
人们被蝙蝠咬的情况大多发生在家里面，尤其是当人们试图自己把
蝙蝠赶出去的时候。
松散的
瓦片
从烟囱
掉下来
从窗户
进入
蝙蝠的入口
开着的
车库
门的
下面
没有密封
的通风口
家里的蝙蝠只能请经过专业训练
的野生动物工作人员来赶走。
如果你的家里经常有蝙蝠进入，说明你的家需要
做蝙蝠防控了。当地的动物管理中心可以帮助你
防控和清除蝙蝠。

哎，人类就不能不干扰我们吗？

有时他们确实不会！

有些地方，比如美国得克萨斯州奥斯汀市的议会大街桥，人们不仅让蝙蝠住在桥下……

还专门从很远的地方来看蝙蝠飞翔的样子！
每年大约有10万游客前往议会大街桥！

每个夏天的夜晚都有成百上千人来观看蝙蝠飞出来捕捉虫子，形成“蝙蝠龙卷风”。

那就是我离开这里之后
要去的地方！
人们专门跑去
看食虫蝙蝠？不是只
关注食蜜蝙蝠？

是的！议会大街桥
上甚至还有一座蝙蝠雕
塑，这样人们就能知道我
们的家在哪座桥。

默林·塔特尔
1980年议会大街桥重建的时候，蝙蝠们立刻被吸引到那里栖息。
得克萨斯州奥斯汀市的人们希望把它们赶走。
嘶啦！
国际蝙蝠保护组织的创始人默林·塔特尔告诉人们，如果人类漠视蝙蝠，蝙蝠也会漠视他们。
于是，这座桥成了观光景点，这里的蝙蝠受到游客和当地人的喜爱。
我从没想过人类会喜欢看到这么多蝙蝠！
当然啦，他们确实喜欢！
我们是食虫动物嘛！
要我说，我们是蝙蝠中最棒的！

拍摄野生蝙蝠
默林·塔特尔也是最早在野外拍摄蝙蝠的科学家之一。
他想向人们展示，生活在自然栖息地的蝙蝠是多么美妙而独特的动物。
我们也是最佳猎手！
食虫蝙蝠是速度最快的蝙蝠！
花尾蝠
Euderma maculatum
小褐鼠耳蝠
Myotis leibii
大棕蝠
Eptesicus Fuscus
社鼠耳蝠
Myotis sodalis
银毛蝠
Lasionycteris noctivagans
我们有最强的回声定位！

食虫蝙蝠　这里有一些关于食虫蝙蝠的趣事！
得克萨斯州的布兰肯洞穴中栖息着世界上最大的蝙蝠群，大约有2000万只。
最大的城市蝙蝠栖息处在得克萨斯州奥斯汀市的议会大街桥下。
声音最大的蝙蝠是兔唇蝠。以分贝计算的话，它的回声定位比一场摇滚音乐会或一架飞机起飞的声音还要大。
分贝可以用来表示声音的强度。
频率的大小决定音调的高低。人类只能听到特定频率的声音。
世界上有记录的最长寿的蝙蝠是一只布氏鼠耳蝠，它活到了41岁。
但哺乳动物学家认为蝙蝠的年龄可以超过这个数字。

速度最快的蝙蝠是墨西哥犬吻蝠，它的飞行速度大约为每小时160千米。
这速度比猎豹还快！
据研究，萤鼠耳蝠食量惊人，每小时可以吃掉600—1000只虫子。
也就是说，它们一顿吃掉的虫子总重量和自身体重差不多。
嘿！
蝙蝠能抓住这么多虫子主要是因为它们在空中追逐猎物时能够快速转身。
轻薄而灵活的双翼使蝙蝠可以像昆虫一样快速地变换方向。

小莹？
莹鼠耳蝠？
嗯嗯嗯！
快回过神来！嘿？
抱歉，我在想我今天遇到的各种蝙蝠！
所以你康复之后，待在这里也没问题，是吧？
是的，我会没事的！

从X光片上你可以
看到，莹鼠耳蝠骨折
的手臂愈合了。
真的吗？
它愈合得
可真快！
蝙蝠的骨头
比较特别。
它们不像鸟
的骨头那样是
中空的。
但是，它们的骨头比其
他哺乳动物的更薄，有更多
的软骨，所以非常灵活。
蝙蝠的骨头和双翼
愈合得很快，所以受伤后
很快可以重新飞翔。
哦！
如果蝙蝠没法
飞的话，就不能取
食和保护自己。

谢谢你过去几个星期的参与，真是帮了大忙了。
谢啦，里芭！我喜欢了解蝙蝠，没想到蝙蝠的知识这么有趣。
在莹鼠耳蝠闯入我的生活之前，我从来没有真正了解过它们。
今天早上有人送来了一只新蝙蝠！
我让它待在送来时的盒子里，让它好好休息一下。
我想是时候去看看它了。
它是什么种类的蝙蝠呀？

它是灰蓬毛蝠，我最喜欢的蝙蝠之一！
灰蓬毛蝠
Lasiurus cinereus
这只的翼膜上有一个很大的裂口。
这个裂口大到它没法再飞了。
即使翼膜上有洞，蝙蝠也能继续飞翔吗?
是的，如果洞足够小的话，是可以的。
如果是小洞的话，可以很快自愈，不会影响飞行。

翼上的裂口如何愈合？
当蝙蝠的翼上有大裂口时，它可能需要兽医的护理。
在翼愈合的过程中，兽医或康复师可以提供一个安全的、安静的环境，以及食物和水。
蝙蝠的翼上有细小的毛，它们虽然不能保暖，但能感知空气的变化。
翼膜不能被缝合或粘在一起，因为它很有弹性。
许许多多微小的毛细血管能帮助翼膜愈合。

让我们看一下有没有其他问题。

里芭，你为什么这么了解蝙蝠？
我的意思是，你为什么要专攻蝙蝠方向呢？

几年前，有一只病恹恹的蝙蝠被送来。

那时我们还不知道如何照顾蝙蝠，也没有人知道该怎么帮助它。
于是，我主动提出去弄明白怎么做。

我打电话给另一个州的野生动物中心，我知道那里会照顾蝙蝠。
他们给了我建议，最终我成了专门救治蝙蝠的医生。

你呢，莎拉？
你的意思是？

一个青少年为什么会放弃空闲时间照顾蝙蝠呢？

看到我的
父母伤害了这个小
家伙，我感觉对它
有了某种责任。
我和它有
点联系。
他们非常害
怕它，不愿意去理
解它为什么在他们
周围飞来飞去。
嗯……青少
年和蝙蝠确实有
相似之处！
大多数人都不理解你们，
你们整晚不睡，但是白天
却在睡觉。

你不吸血，
对吧？

不吸，但是吃那些爸妈
让我远离的蛾子！
哈哈！
吱吱！

你好呀，
小莹！体检的结
果怎么样？
绷带已经
拆了！我现在感
觉非常好！
很好！
嘿，小蝙蝠朋友，
你们都好吗？
试着打开你的双翼，
莹鼠耳蝠？

你看起来
精神多了，莹
鼠耳蝠！
啊呜。

让我来给
你们引荐一个新朋
友——这只胖乎乎
的灰蓬毛蝠！

这里的蝙蝠都能和睦相处，我相信你也可以！

稍等，莹鼠耳蝠，我过会儿再来找你！

我被绑架了！

嘿，没事的，
我知道你需要时
间来适应。
你怎么了？

我被一只猫
扑倒了。
就像我的朋友
老灰一样！
啊！
哈，没事儿的，你的
状态要好很多。你很快
就可以再飞起来的！
说到这个，小莹，
我觉得你很快就会离
开这里了。

我才不着急呢，这儿多好啊！
我有这么多朋友和食物。我可以在这儿多待些日子！
嘿，虽然这里很好，但是你可以自由飞翔了，我们中的一些已经做不到了。

我不是有意冒犯你，老灰。
你无法离开这儿，但这意味着你可以远离外面的危险……
呀！不！
放开我，我还没准备好呢！

没关系！一路顺风！你就要自由了！

某些蝙蝠精力
很充沛嘛！
老灰！老灰，
快来帮帮我！我还
没准备好！如果我还
飞不起来呢？

你没事的！
要相信医生！

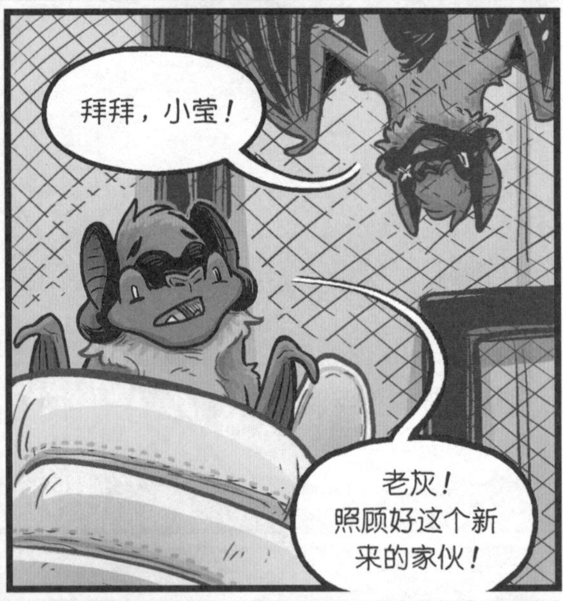
拜拜，小莹！
老灰！
照顾好这个新
来的家伙！

再见！

砰！
砰！
砰！砰！
完美，我觉得高度刚刚好。

这看起来尽善尽美，希望这些蝙蝠也能喜欢它！
嘟嘟——
嘟嘟——

哦！是丽贝卡来了！

蝙蝠专车到了！

嘿，里芭！
这位是？
你好，
菲尔！
这是我的暑期
实习生莎拉。
你好！
见到你很
高兴。

菲尔拥有这片
农场，我和他合作
有一阵子了。
没错，里芭告诉我，
蝙蝠会吃那些伤害
庄稼的虫子。
所以我为它
们做了可以栖息
的蝙蝠箱。
一开始我不喜欢蝙
蝠，但现在我觉得
它们真的很棒！

你想必也
很喜欢蝙蝠
吧，嗯？
当然！
里芭给我讲
了关于蝙蝠的
所有事情！

你盒子里面装了些什么？
一些会飞的“农场工人”吗？

说得对，有一只苍白洞蝠、一只墨西哥犬吻蝠、一只赤蓬毛蝠，还有一只莹鼠耳蝠。

有人知道我们在哪里吗？
蝙蝠越多，这个农场就越充满欢乐！
蝙蝠们吃的害虫越多，杀虫剂的使用就越少。
不知道哦。

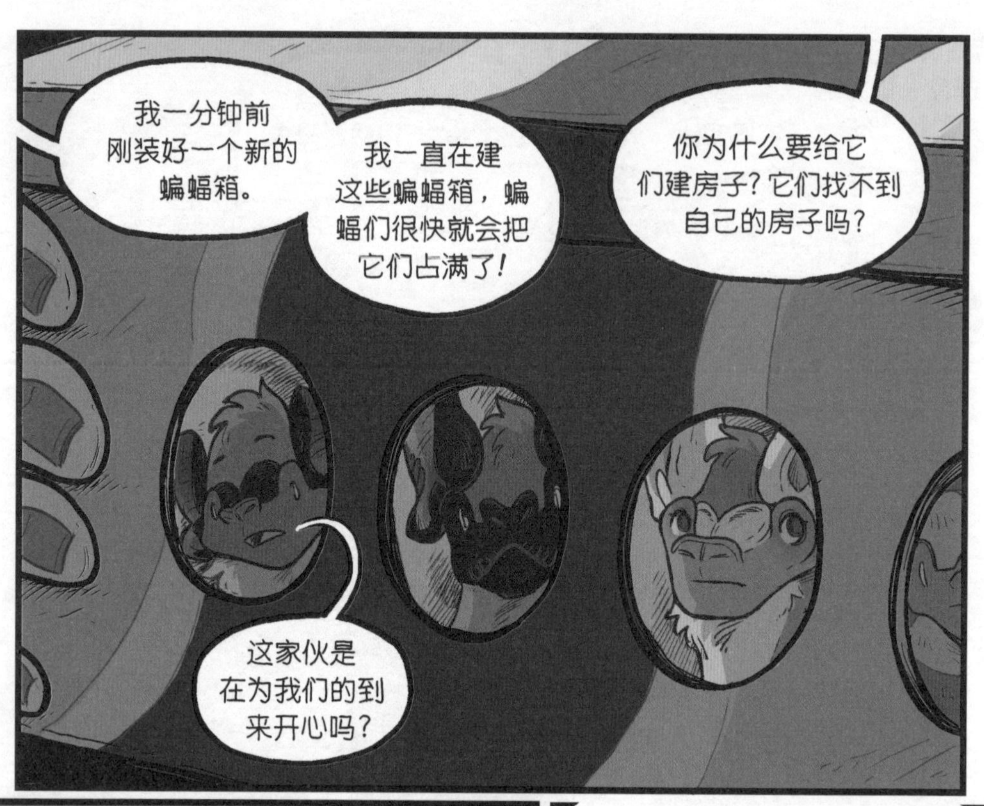
我一分钟前刚装好一个新的蝙蝠箱。
我一直在建这些蝙蝠箱，蝙蝠们很快就会把它们占满了！
你为什么要给它们建房子？它们找不到自己的房子吗？
这家伙是在为我们的到来开心吗？

我在附近给它们建房子，这样它们就能待在靠近庄稼的地方了。
这是什么人？居然想要一箱蝙蝠！
有时自然的栖息处会被破坏或侵扰，我不希望它们飞到更远的地方安家。

蝙蝠箱

如果你想帮助蝙蝠，可以建造一个蝙蝠箱。蝙蝠箱是一个人造的栖息空间，是模仿蝙蝠在野外可以找到的藏身处设计的。

大多数蝙蝠箱比较小，是用木头做的。它们不是用来冬眠的，而是白天睡觉时的一个安全而温暖的小房子。

其他蝙蝠箱不是箱子形状的，比较大，是用混凝土或者煤渣砌块做成的。它们模仿了空心树或小洞穴，可以让蝙蝠用来养育幼崽。

有些人会利用已有的建筑物，比如谷仓。他们允许蝙蝠栖息在那里，并且在屋顶设置特殊的板条供蝙蝠休息，还有专设的管道让蝙蝠自由出入。

在你制作自己的蝙蝠箱之前，看看本书后面的其他信息，它们可以帮助你选择合适的箱体风格和安装位置。

哦，快听啊，
它们醒了！
吱吱吱吱！
正好赶上新
蝙蝠成员加入这
个大家庭！

再会啦，
莹鼠耳蝠！
祝你好运！

什么？
这就
完了？
你们要把我
扔在这儿？
嘿！
下一个！

哦，嘿。
今晚你
和大家一起
飞翔吗？

我想去。
我的双翼有段时
间没用了。

你是被医生
带来的吗？
是的，
她一直在照
顾我。
我也曾经是
她的病人！

你别担心！
你的双翼肯定
结结实实的，
信我的没错！

可是我这是在哪儿呢？
这是什么地方？

晚饭吃什么呢？

一大群蝙蝠一晚上可以吃掉数吨昆虫，哪些种类的虫子是农民最不喜欢的呢？

甲虫
蚜虫
飞蛾
嗯嗯！
尽管蚊子和蜘蛛不会伤害庄稼，但是蝙蝠会吃它们让很多人（包括农民）感到开心。

这是一片农场！农民为我们搭建了这些木制的巢。
作为回报，我们会尽量多吃虫子！

大家要走了。
你要一起来吗？
去哪里？

一起吃虫子
呀，小傻瓜！
嘿，
等等！

好吧，小莹。

你可以做
到的！
呀！

哇！我几乎忘了飞行有多么美妙了！
嘿，你来啦！
嘿，又见面了！

欢迎来到农场！
你会爱上这里的！

真是太酷了……
但是我的手机没
法很好地呈现“蝙蝠
龙卷风”的效果。
别管你的
手机啦。在它们飞
走之前好好欣赏这
个奇观吧。

真漂亮！
是吧，就应该
是这样！

谢谢，
人类！

可在家安装的蝙蝠箱

自己安装一个蝙蝠箱是一个有趣的家庭项目。在正式开始之前，有几件事你必须考虑一下。

自制或者购买

如果你有时间、工具和一个成年人的帮忙，就可以从零开始自己建造蝙蝠箱啦。
如果你不能或者不想自己做的话，在网上搜一下，就会发现很多现成的箱子。

房子上的蝙蝠箱

睡觉的角落

斜面屋顶

散热口

停留板

入口

应该放在哪儿？

你可能认为农村最适合设置蝙蝠箱，其实城市中也需要蝙蝠箱，尤其是你看到有蝙蝠在黄昏时分出没的话。
如果你把箱子挂在树上，要确保它远离其他树，或者在树林的边缘。蝙蝠喜欢那些容易观察周围环境的地方。
不能把箱子放置在阴凉处，因为它需要阳光来保持温暖。

安装箱子的位置很重要。你可以把它安装在建筑物、杆子或者树上。

蝙蝠箱应该：
1.在阳光充足，让蝙蝠感觉温暖的地方。
2.远离地面，防止捕食者接近。
3.靠近水源。

志愿活动

如果你想成为一名志愿者，有些组织需要你有野生动物康复方面的许可证，确保你可以处理与野生动物相关的问题。你可以去参加专业机构的培训课程。另外，保证及时打针也很重要，包括接种狂犬疫苗。其实，就算没有许可证，你依然可以做很多事情。去问问你当地的野生动物康复师，看看你能做些什么。

相关职业

动物救助人员：收到动物生病或受困的请求后提供帮助的专业人员。

公园护林员：负责保护绿地和荒地的专业人员。

野生动物康复师：照顾生病、受伤或失去父母的动物，然后再把它们送回野外的专业人员。

兽医：负责治疗动物以及教导主人如何妥善照顾宠物的特殊医生。

保护生物学家：通过保持和恢复栖息地来保护野生动物的科学家。他们也研究栖息地的环境和变化等问题。

哺乳动物学家：研究与野生的或者圈养的哺乳动物有关的生物、社会和进化等问题的科学家。

蝙蝠学家：只研究蝙蝠的生物学家，主要关注蝙蝠的行为、进化和保护。

洞穴学家：研究洞穴的形成、变化以及生活在其中的动物的科学家。

蝙蝠解剖学	蝙蝠和人类有很多共同之处，比如指骨，但蝙蝠有它们独有的解剖学特征。

翼膜：形成双翼的薄膜，是飞行的关键。蝙蝠翼膜的每一部分都有一个特定的名字。

附着于皮肤的肌肉通常不附着在骨头上。在蝙蝠身上，这些肌肉被称为指间膜，在飞行时帮助维持翼膜的形状。

距：位于脚踝的软骨，可以为尾翼膜提供力量。

这些大多是蝙蝠面部的常见部位，能够帮助它们实现回声定位。

蝙蝠形状特殊的耳朵、鼻子和嘴唇有助于捕捉声波和风的细微变化。

—词 汇 表—

蝙蝠粪：蝙蝠的粪便，可以用作肥料。

传粉：花粉被转移到植物的生殖器官，从而进行受精和繁殖。

—词汇表—

大蝙蝠亚目：翼手目下的两个亚目之一，只包含狐蝠科。狐蝠也被称为果蝠或者旧大陆果蝠。

冬眠：动物异温性的表现，在此期间，它们的体温低，呼吸和心跳慢，代谢率低。

回声定位：海豚和蝙蝠等动物利用折回的声音确定物体位置的方法。回声定位主要通过声音返回的时间以及方向来确定物体位置。雷达和声呐使用的也是类似的方法。

栖息处：鸟类夜间经常栖息或者聚集休息的地方，也指蝙蝠白天聚集休息的地方。

声波：发声物体振动时形成的一种波，可以在空气和水等介质中传播。

小蝙蝠亚目：翼手目的另一个亚目，包括除狐蝠外的所有蝙蝠。大多数成员的体形比狐蝠小。

夜行性：动物夜晚离开栖息的地方出来活动的习性。

翼手目：哺乳动物分类中的一个目，包含所有的蝙蝠。除了南极洲，世界其他大陆都有蝙蝠。

幼崽：动物的幼年个体，通常用于哺乳动物。

频率与分贝 蝙蝠能发出很大的声音，但是我们听不到，因为那些声音的频率对人耳来说太高了。

分贝 可用来衡量声音强度的单位，符号为dB。

频率 周期性运动的物体在单位时间内完成运动的次数，单位是赫兹（Hz）。

可以这样理解：分贝就像收音机的音量，可以很大声，也可以很小声。频率决定了声音的类型，比如像哨子一样尖锐，或者像鼓一样低沉。

频率低于20Hz的声波叫作次声波。大象可以听到这些声音，但人类不能。

一般来说，频率超过20 000Hz的声波叫作超声波。蝙蝠能听到这些声音，但人类不能。